建筑工人安全操作
基本知识读本
（合订本）

建设部工程质量安全监督与行业发展司
全国总工会中国海员建设工会　组织编写

U0385245

中国建筑工业出版社

图书在版编目(CIP)数据

建筑工人安全操作基本知识读本(合订本)/建设部工程
质量安全监督与行业发展司,全国总工会中国海员建设
工会组织编写.—北京:中国建筑工业出版社,2006
ISBN 978-7-112-08372-5

Ⅰ.建... Ⅱ.①建... ②全... Ⅲ.建筑工程-工程
施工-安全技术 Ⅳ.TU714

中国版本图书馆CIP数据核字(2006)第049539号

建筑工人安全操作基本知识读本
(合订本)

建设部工程质量安全监督与行业发展司
全国总工会中国海员建设工会   组织编写

*
中国建筑工业出版社出版、发行(北京西郊百万庄)
各地新华书店、建筑书店经销
北京嘉泰利德制版公司制版
北京盛通印刷股份有限公司印刷
*
开本:787×960毫米 1/32 印张:3⅛ 字数:50千字
2006年6月第一版 2015年11月第十二次印刷
定价:16.00元
ISBN 978-7-112-08372-5
(26399)

版权所有 翻印必究
本社网址:http://www.cabp.com.cn
网上书店:http://www.china-building.com.cn

本书为建筑工人安全操作基本知识读本丛书的合订本。全书共分为四部分，第一部分为安全基本知识，主要介绍施工人员在工作及生活中的基本行为准则及注意事项；第二部分为安全操作基本知识，主要涉及抹灰与砌筑工、木工、钢筋工、普通工、架子工、中小型机具操作工、水暖工、焊工、电工、起重垂直运输操作工等10个工种的安全知识与基本操作要求；第三部分为常用安全标志，主要展示施工现场中常见的安全警示牌并标示应急救援电话号码；第四部分主要摘录了《中华人民共和国安全生产法》等相关安全生产法律法规内容。本书内容实用、针对性强、图文并茂、通俗易懂、携带方便，是施工现场作业人员及安全管理人员安全知识普及教育的好助手。

责任编辑：刘　江
责任设计：崔兰萍
责任校对：张景秋　王雪竹

本书编写人员

审查人员：曲　琦　陈　付　王　敏

李长春　王英姿　邓　谦

编写人员：王天祥　张　强　叶德传

李智勇　陈　伟　林利华

郑成国　林瑞良

插　图：蔡　颉

前　言

　　建筑业是我国国民经济的重要支柱产业之一，同时也是危险性较大的行业。为进一步加强对建筑从业人员安全教育培训，使从业人员能更好地掌握建筑施工安全知识，进一步提高安全意识和自我保护能力，防止和遏止施工伤亡事故的发生，建设部、全国总工会组织福建省建设厅及有关单位编写了《建筑工人安全操作基本知识读本》丛书。本丛书一套10本，分别为抹灰与砌筑工、木工、钢筋工、普通工、架子工、中小型机具操作工、水暖工、焊工、电工、起重垂直运输操作工等10个工种。读本由四部分组成：第一部分为安全基本知识，主要介绍施工人员在工作及生活中的基本行为准则及注意事项；第二部分为安全操作基本知识，主要涉及相关工种的安全知识与基本操作要求；第三部分为常用安全标志，主要展示施工现场中常见的安全警示牌并标示应急救援电话号码；第四部分主要摘录了《中华人民共和国安全生产法》等相关安全生产法律法规内容。本丛书内容实用、针对性强、图文并茂、通俗易懂、携带方便，是施工现场相关工种作业人员及安全管理人员安全知识普及教育的好助手。

目　录

一、安全基本知识

1.权利和义务

　　①从业人员有获得签订劳动合同的权利，也有履行劳动合同的义务。

　　②有接受安全生产教育和培训的权利，也有掌握本职工作所需要的安全生产知识的义务。

　　③有获得符合国家标准的劳动防护用品的权利，同时也有正确佩戴和使用劳动防护用品的义务。

　　④有了解施工现场及工作岗位存在的危险因素、防范措施及施工应急措施的权利，也有相互关心，帮助他人了解安全生产状况的义务。

　　⑤有对安全生产工作的建议权，也有尊重、听从他人相关安全生产合理建议的义务。

⑥有对安全生产工作提出批评、检举、控告的权利，也有接受管理人员及相关部门真诚批评、善意劝告、合理处分的义务。

⑦有对违章指挥和强令冒险作业的拒绝权，也有遵章守纪、服从正确管理的义务。

⑧在施工中发生危及人身安全的紧急情况时，有权立即停止作业或者在采取必要的应急措施后撤离危险区域；同时有义务及时向本单位（或项目部）安全生产管理人员或主要负责人报告。

⑨发生工伤事故时，有获得工伤及时救治、工伤社会保险及意外伤害保险的权利；也有反思事故教训，提高安全意识的义务。

2.安全教育

①新进场或转场工人必须经过安全教育培训，经考核合格后才能上岗。

②每年至少接受一次安全生产教育培训，教育培训及考核情况统一归档管理。

③季节性施工、节假日后、待工复工或变换工种也必须接受相关的安全生产教育或培训。

3.持证上岗

工地电工、焊工、登高架设作业人员、起重指挥信号工、起重机械安装拆卸工、爆破作业人员、塔式起重机司机、施工电梯司机、厂内机动车辆驾驶人员等特种作业人员，必须持有政府主管部门颁发的特种作业人员资格证方可上岗。

4.安全交底

施工作业人员必须接受工程技术人员书面的安全技术交底，并履行签字手续，同时参加班前安全活动。

5.安全通道

　　应按指定的安全通道行走，不得在工作区域或建筑物内抄近路穿行或攀登跨越"禁止通行"的区域。

6.防护用品

　　①进入工地必须戴安全帽，并系紧下颌带；女工的发辫要盘在安全帽内。

②在2米以上（含2米）有可能坠落的高处作业,必须系好安全带;安全带应高挂低用。

③禁止穿高跟鞋、硬底鞋、拖鞋及赤脚、光背进入工地。

④作业时应穿 "三紧"（袖口紧、下摆紧、裤脚紧）工作服。

7.设备安全

①不得随意拆卸或改变机械设备的防护罩。

②施工作业人员无证不得操作特种机械设备。

无证不得操作!

8.安全设施

不得随意拆改各类安全防护设施（如防护栏杆、防护门、预留洞口盖板等）。

9.用电安全

①不得私自乱拉乱接电源线，应由专职电工安装操作。

②不得随意接长手持、移动电动工具的电源线或更换其插头；施工现场禁止使用明插座或线轴盘。

③禁止在电线上挂晒衣物。

④发生意外触电，应立即切断电源后进行急救。

10.防火安全

①吸烟应在指定"吸烟点"。

②禁止在宿舍使用煤油炉、液化气炉以及电炉、电热棒、电饭煲、电炒锅、电热毯等电器。

③发现火情及时报告。

11.文明行为

①进入工地服装应整洁，必须佩戴工作卡。

②保持作业场所整洁，要做到工完料净场地清，不能随意抛撒物料；物料要堆放整齐。

③在工地禁止嬉闹及酒后工作；员工应互相帮助，自尊自爱，禁止赌博等违法行为。

④施工现场严禁焚烧各类废弃物。

12. 事故报告

发生生产安全事故应立即向管理人员报告，并在管理人员的指挥下积极参与抢救受伤人员。

13. 卫生与健康

①注意饮食卫生，不吃变质饭菜；应喝开水，不要喝生水。

②讲究个人卫生，勤洗澡，勤换衣。

③出现身体不适或生病时，应及时就医，不要带病工作。

④宿舍被褥应叠放整齐、个人用具按次序摆放；保持室内、外环境整洁。

⑤员工应注意劳逸结合，积极参与健康的文体活动。

二、抹灰与砌筑工安全操作基本知识

1.砌体高度超过1.2米时，应搭设脚手架作业；

2米以上（含2米）作业必须有可靠的立足点及防护措施；搭设的脚手架必须牢固、稳定。

2.高处作业应站在操作平台上操作。

3.砍砖应面向墙面，工作完毕应将脚手板和砖墙上的碎砖、灰浆清理干净，防止掉落伤人。

4.勾缝抹灰使用的木凳或金属支架应搭设平稳牢固,脚手板跨度不得大于2米;脚手板两端有紧固措施,不得出现探头板;架上堆放材料不得过于集中。

5.同一块脚手板上操作人员不得超过二人,料具必须放妥,防止坠落伤人;在脚手架上不得奔跑、嬉戏或多人拥挤操作;不得倚靠防护栏杆休息或在坑洞处滞留。

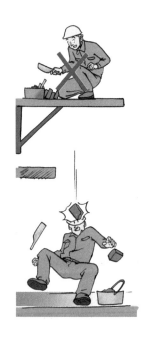

6.施工中如需上下层同时进行操作，上下两层间必须设有专用的防护棚或其他隔离设施，否则不得让工人在下方工作。

7.禁止踩踏在阳台栏板和脚手架栏杆上进行操作。

8.不准在墙顶行走、操作及划线、刮缝,不准用不稳的物体垫高脚手板操作。

9.作业时不得向下抛掷材料、工具、杂物。

10. 建筑物预留洞口设置的防护栏杆、盖板及安全标志不得挪动或拆除。

11. 用手推车装运物料时, 应注意平衡, 掌握重心; 推车时不得猛跑和撒把溜放, 前后车距在平地不得少于2米, 下坡不得小于10米; 倒料处应有挡车措施。

12.在吊篮没停稳前，严禁人员进入吊篮内推车。井架（电梯）运输时，车轮前后要挡牢，稳起稳落。

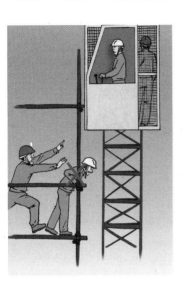

13.垂直运输设备未停稳，禁止进行物料装卸；等斗车时，要站在卸料平台防护门内侧，严禁将头、手探出防护门；斗车推出后，要随手关闭防护门。

14.混凝土搅拌机操作工必须经过培训，考核合格后持证上岗。

15.施工机具在使用前必须先试运转，使用过程中，操作人员不得擅离职守，必须随时注意机械的运转状态。

16.水泥砂浆拌料，严禁踩踏在砂浆机的护栏上进行上料操作，以免发生事故。

17. 搅拌机在运转中严禁用铁铲等工具伸入机内。

18. 使用振动器必须穿绝缘鞋，使用磨石机、I类手持电动工具等设备时应戴绝缘手套，湿手不得接触开关；电源线架设时应有绝缘措施，不得有破皮漏电，禁止缠绕在钢筋上或随意拖放在地上。

别拖啦！
都破皮啦！

19.线路不得擅自搭接，机具的插头不得随意拆除或更换，严禁将电线的金属丝直接插入插座。

20.用起重机吊砖要用砖笼。当采用砖笼往楼板上放砖时，要均匀分布，并预先在楼板底下加设支柱或横木承载。砖笼严禁直接吊放在脚手架上。吊砂浆的料斗不能装得过满，装料量应低于料斗上沿100mm。

三、木工安全操作基本知识

1. 支模时应按作业程序进行，模板未固定前不得离开或进行其他工作。

2. 模板支撑的顶撑要垂直，底端平整、坚实，并加垫木。

3. 使用的钉子、锤子等工具应放在工具包内，不准随处乱扔。

4.支设高度在3米以上的柱模板，四周应设斜撑，并应设立操作平台；低于3米的可使用马凳操作；支设悬挑形式的模板时，应设稳固的立足点。

5.支设临空构筑物模板时，应搭设支架或脚手架；模板上有预留洞时，应在安装后将洞盖好；拆模后形成的临边或洞口，应进行防护。

6.支设独立梁模应设临时工作台，不得站在柱模上操作和在梁底模上行走。

7.支设、拆除外墙、边柱、挑檐、圈梁的模板时，应有可靠的立足点，并设置防护栏杆和挂设安全网；临边作业人员应挂好安全带，严禁探身操作。

8.使用门架支撑模板,门架的内外侧均应设置交叉支撑并与门架立杆上的锁销锁牢;上、下榀门架的组装必须设置连接棒及锁臂,不配套的门架与配件不得混合安装使用。

9.模板支撑不得与门窗等不牢靠和临时的物件相连接;柱头、搭头、立柱顶撑、拉杆等必须安装牢固成整体后,作业人员才允许离开。

10.严禁在连接件和支撑件上攀登上下,严禁在上下同一垂直面上装、拆模板。

11.拆除模板应在混凝土强度达到要求后,经项目技术负责人同意方可拆除;操作时应按顺序分段进行。

12.拆除模板时不准采用猛撬、硬砸或大面积撬落和拉倒的方法，防止伤人和损坏物料。

13.底步门架的立杆应设置固定底座或可调底座，可调螺杆伸出长度不宜超过200毫米；门架支撑模板立柱均应设置纵横向水平加固杆。

14.拆模时不能留有悬空模板，防止突然落下伤人。

15.拆模现场要有专人负责监护,禁止无关人员进入拆模现场。

16.使用的手持木工机具如:电锯、电刨、电钻等都应该设置手提式开关箱,电箱内严禁放置工具、物件;使用前应检查箱内漏电保护器是否灵敏,机具的安全防护装置是否齐全、有效,然后才能开始工作。

17.使用圆盘锯前,必须对锯片进行检查,锯片不得有裂纹,不得连续缺齿,螺丝应上紧;操作要戴防护眼镜,站在锯片一侧,禁止站在与锯片同一直线上,手臂不得跨越锯片。

18.大模板堆放应设堆放区，必须成对面对面存放，无地腿的模板要放入固定的堆放架里，防止碰撞或大风刮倒。

19.工作完毕后应及时清理现场模板，所拆模板应将钉子尖头打出以免扎脚伤人。

20.禁止在工作场所吸烟以免引起火灾。

四、钢筋工安全操作基本知识

1.多人合运钢筋，起、落、转 、停动作要协调一致；钢筋堆放要均匀、整齐、稳当，不得过分集中，防止倾斜和塌落。

2.作业人员在高压线防护设施旁搬运钢筋时,应注意不得穿出防护设施，以免碰触高压线路造成事故。

3.在高处（2米或2米以上）、深坑绑扎钢筋和安装钢筋骨架,必须搭设脚手架或操作平台,临边应搭设防护栏杆。

4.要做好"落手清"，禁止将钢筋存放在脚手架上。

5．绑扎高层建筑的边柱、外墙、挑檐、圈梁时，应有可靠的立足点，并在临边设置防护栏杆及挂设安全网。

6．起吊钢筋骨架，应捆扎牢固，吊点设在钢筋束两端；起吊时下方禁止站人；落吊时待钢筋骨架降落至楼、地面1米以内人员方可靠近，就位支撑好后方可摘钩。

7．不得站在钢筋骨架上或上下攀登骨架；禁止插板悬空操作；柱梁骨架应用临时支撑拉牢，以防倾倒。

8.对焊机工作场地应硬实,并保证干燥,安装平稳牢固,有可靠的接地装置,导线绝缘良好;操作时应戴防护眼镜和绝缘手套,并站在绝缘板上;工作棚要用防火材料搭设,棚内严禁堆放易燃、易爆物品,并备有灭火器材。

9.冷拉卷扬机端头处应设置防护挡板,冷拉区应设置防护栏杆、挡板及警告标识,操作人员在作业时必须离开钢筋2米以外,无关人员不得在此停留。

10.冷拉钢筋要上好夹具，待所有人员离开危险区后再发出开车信号。在拉伸过程中，如发生滑动或其他不正常情况，应先停机，放松钢筋，再进行检查或操作。

11.冷拉机不得使用倒顺开关，制动装置必须完好，使用前必须检查冷拉夹具和卷扬钢丝绳。

12.切断机断料时，手与刀口距离不得少于15厘米，活动刀片前进时禁止送料。

13.切断短钢筋，如手握端小于40厘米时必须用套管或钳子夹料，不得用手直接送料。

14.机械在运转过程中严禁用手直接清除刀口附近的短钢筋和杂物;在钢筋摆动范围内和切口附近,非操作人员不得停留。

15.使用调直机时严禁戴手套操作,钢筋调直到末端时,操作人员必须躲开,以防甩动伤人。

16.当钢筋送入调直机后,手与曳轮应保持一定距离;作业中严禁打开防护罩并调整间隙。

17.每台钢筋设备应配备专用开关箱,开关箱周围不得堆放任何妨碍操作、维修的物品。

18.工作完毕,拉闸断电,锁好开关箱。

19.维修、保养、更换、清洗机械设备时必须切断电源，悬挂警示牌或设专人看护。

五、普通工安全操作基本知识

1.进入坑井前应当检查坑井内是否有沼气等有毒气体，确认无有毒气体后方可作业，还应保持坑井内通风良好，发现异常现象应马上停止作业，并报告施工员或班组长处理。

2.挖掘土方应该从上而下施工，两人操作间距保持2～3米，禁止采用挖空地脚或掏洞挖掘的操作方法。

3.挖土时要随时注意土壁的变异情况,如发现有裂纹或部分塌落现象,要立即撤离现场,报告施工负责人。

4.吊运土方或其他物料时,其绳索、滑轮、吊钩、吊篮等应完好牢固,起吊时垂直下方不得站人。

5. 在挖土机挖铲回转半径范围内，不得同时进行其他工作。

6. 坑边1米内不得堆土堆料，高度不得超过1.5米。

7.拆除固壁支撑应自下而上进行，填好一层，再拆一层，不得一次拆完。

8.蛙式打夯机操作电源开关必须使用定向开关，严禁使用倒顺开关。

9.操作蛙式打夯机必须穿胶底鞋（靴），戴绝缘手套，搬运打夯机必须拉闸断电；停电时，须拉闸断电，锁好开关箱。

10.严禁酒后作业，严禁在高处作业时开玩笑。

11. 高处作业禁止穿硬底、带钉、易滑的鞋。

12. 在楼层上作业时要注意预留洞口是否已加盖防护。

13. 高处作业暂时不用的工具应装入工具袋，随用随拿。

14.脚手架放砖高度不得超过3层侧砖。

15.高处作业严禁投接物料，以免物料从高处坠落造成伤害。

16.在养护混凝土楼板及混凝土墙、柱时，浇水应避让电器设备，以防触电伤人。

17.楼层清理垃圾时应往楼层内清理，堆放成堆后用密闭容器清运。

18.在外架脚手板上清理垃圾时，应在架外地面旁划出一定的警戒区；脚手板上的垃圾要往里墙翻倒，要从上往下一层一层顺序清理，大块的垃圾要堆放在楼层内运走，垃圾清理后脚手板要用铁丝绑扎牢固。

19.在电梯井内清理杂物、垃圾时上层通道应有人看护，禁止有人从上层往下扔杂物；在下层结构电梯井口应挂警示牌提示"此电梯井正在清理杂物，请勿探头井内以免伤人"。

20.井架物料提升机未停稳时，不得进入吊篮内。

21.进料平台口必须加防护门，不得在平台上休息。

六、架子工安全操作基本知识

1.患有高血压、心脏病、癫痫病、恐高症等疾病的人,不准上架操作;严禁酒后上架作业。

2.搭设脚手架必须系安全带、戴安全帽、穿软底鞋、扎好裤脚及袖口。

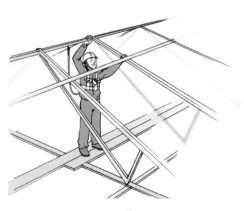

3. 搭设时垫木应铺设平稳，不能有悬空，避免脚手架发生整体或局部沉降。

4. 对于锈蚀严重、压扁、弯曲、有裂纹的钢管一律不准用于脚手架搭设，凡有裂缝、变形的扣件及滑丝的扣件螺栓均不得使用。

5. 严禁将外径48毫米与51毫米的钢管混合使用。

6. 在高处作业时应备有工具袋，工具必须随时放入工具袋内。

7.脚手架必须配合施工进度搭设,一次搭设高度不应超过相邻连墙件以上二步。

8.脚手架在搭设过程中,操作人员必须保证扣件的紧固强度。

9.作业人员上下应走专用通道,禁止攀爬脚手架杆件上下。

10.脚手板应绑扎牢固。

11.在作业平台作业或行走要注意脚下探头板。

12.脚手架用密目网封闭。作业层脚手板应满铺，外侧要设置高 1.2 米的防护栏杆，底部外侧设置 18 厘米高的挡脚板。

13.剪刀撑钢管搭接长度不应小于1米,应采用不少于两个旋转扣件固定,端部扣件盖板的边缘至杆端距离不应小于100毫米。

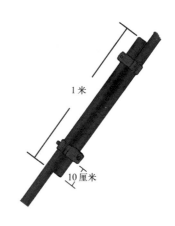

1 米

10 厘米

14.一字形、开口形脚手架的两端必须设置连墙件，连墙件的垂直间距不应大于建筑物的层高，并不大于4米（2 步）。

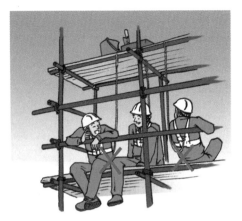

15.禁止下层作业人员在防护栏杆、平台等下方休息。

16.交叉作业人员在进行上下立体交叉作业时,不得在上下同一垂直线上作业。下层作业位置必须处于上层作业物体可能坠落范围之外;当不能满足时,上下层之间应设隔离防护层。

17.遇六级以上大风、大雨雪、强霜冻、浓雾等恶劣天气应停止高空作业,雨雪后应清扫周围环境且采取防滑措施后方可开始作业。

18.脚手架使用期间, 严禁拆除主节点处的纵、横向水平杆及纵、横向扫地杆和连墙件。

19.翻脚手板应两人由外往里按顺序进行, 在铺第一块或翻到最外一块脚手板时, 必须挂牢安全带方可操作。

20.拆下的脚手杆、脚手板、钢管、扣件、钢丝绳等材料，应用桶或用绳向下传递，严禁向地面抛掷。

21.拆除脚手架大横杆、剪刀撑，应先拆中间扣，再拆两头扣，由中间操作人往下传杆子。

22.拆除应按顺序由上而下，一步一清，严禁上下同时作业；严禁将架子的连墙件一次性拆除；分段拆除高差不应大于2步。

23.拆除脚手架，周围应设围栏及警戒标志，并设专人监护，禁止非拆除人员进入施工现场。

七、中小型机具操作工安全操作基本知识

1. 所有中小型机具与开关箱之间距离不得大于3米；每台机具应实行"一机一闸一漏一箱"制。

2. 操作工必须按"清洁、紧固、润滑、调整、防腐"的十字作业要求，定期对机具进行维护保养。

3. 机具运转时，操作工不得擅离岗位，并须随时注意机具的运转情况，若发现异常现象，应马上停机，不得擅自维修，应通知专业维修人员进行检查维修。

4.搅拌机当料斗升起时，严禁任何人在料斗下停留或经过；当需要在料斗下检修或清理斗坑时，应将料斗提升后用双保险钩或保险插销锁住后方可进行。

5.混凝土搅拌机进料时,严禁将头或手伸入料斗与机架之间察看或探摸进料情况,运转中严禁用手或工具等物伸入搅拌筒内扒料、出料。

6.砂浆搅拌机拌料时，严禁踩踏在砂浆机格栅上进行上料操作，在运转中严禁用铁铲等工具伸入机内扒料，以免发生事故。

7.搅拌机停止作业后，应清洗干净，插好保险销、挂好保险挂钩。

8.寒冷季节搅拌机在作业结束后，必须将水泵、贮水罐内的水放净，避免冻坏设备。

线路我都检查好啦！可以拿去用了。

9.手持电动工具使用前，应检查外壳、手柄不出现裂缝、破损；电缆软线及插头等完好无损，开关动作正常，保护接零连接正确牢固可靠。

10. 手持电动工具自备的橡套软线不得接长，当电源与作业场所距离较远时，应采用移动开关箱。

11. 使用手持电动工具时，作业人员应按规定穿戴防护用品。

12. 振捣器电缆长度不应超过30米，不得在钢筋上拖来拖去，以防破损漏电，操作人员应穿胶底鞋（靴），戴绝缘手套。

13.蛙式打夯机操作开关必须使用定向开关,严禁使用倒顺开关,进线口应有护线胶圈。

14.每台蛙式打夯机必须设两名操作人员,一人操作夯机,一人随机整理电缆线;操作人员应穿胶底鞋,戴绝缘手套。

15.操作木工机械时不准戴手套,不准在机械运转中进行加油清理和维修保养。

16.使用木工机械加工旧木料前必须将铁钉、灰垢清除干净。

17.使用切断机切断钢筋时,手与刀口距离不得少于15厘米,如手握端小于40厘米,必须用套管或钳子夹料,不得用手直接送料;活动刀片前进时禁止送料。

18.冷拉卷扬机前应设置防护挡板，卷扬机不得使用倒顺开关，刹车装置必须完好；使用前必须检查钢丝绳，操作时要站在防护挡板后，冷拉区应设置防护栏杆和挡板，冷拉场地不准站人和通行。

19.操作调直机时严禁戴手套。钢筋送入调直机后，手与曳轮应保持一定的距离。

20.钢筋调直机调到末端时，人员必须躲开，以防甩动伤人。在机器运转过程中，不得调整滚筒。

21.潜水泵应作保护接零和装设漏电保护装置，水泵工作水域30m内不得有人进入；提升或下降潜水泵必须切断电源，使用绝缘材料，严禁拉拽电缆或出水管。

别忙着拉！要先切断电源！

22.严禁使用多功能（电锯、电刨、电钻合一的）木工机械。

23.翻斗车司机必须持证上岗，不得违章驾驶，料斗内不得乘人。

八、水暖工安全操作基本知识

1.水暖管道或设备安装时所使用的机械设备都应有专用的末级开关箱，并且开关箱与机械设备的距离不得大于3米，必须实行"一机一闸一漏一箱"制。

2.工具的插头不得随意拆除或改换，当原有插头损坏时，应及时更换同型号的插头。

3.水暖工在现场进行预制、安装时,作业场所应干燥平整。机具同时进行作业时,必须有充裕的操作空间。

4.吊装风管所用的索具应牢固,吊装时吊索与风管应绑扎固定,并与电线保持安全距离。

5.管道吊装时,倒链荷载应与所吊重物相匹配,且倒链完好无损,吊件下方禁止站人,管道固定牢固后,方可松倒链。

6.用机械敲打管道时，管道下方不得站人，人工敲打时人员要避开；管子加热时，管口前不得有人。

7.安装立管应从下往上安装，安装后应及时固定好，以免意外。

喂!别走，还没把我固定好!!

8.管子串动和对口，动作要协调，手不得放在管口和法兰接合处。

9.翻动工件时，应防止滑动及倾斜，以免发生意外。

10.使用人力弯管器弯管时,应选择平整的场地,不可在高低不平处或高处临边作业;操作时面部要避开,以防意外。

11.折梯之间应加拉链或拉绳;光滑地面使用梯子,梯脚应加绝缘套或橡胶垫;在泥土地面上使用梯子梯脚应加铁尖固定;折梯使用时上部夹角以35度到45度为宜。

12.上下梯子必须面对梯子,且不得手持器物。

13.安装管道时必须有已完结构或操作平台为立足点,严禁在安装中的管道上站立或行走。

14.组装风管时,法兰孔应用尖冲撬正,严禁用手指触摸。

15.在风管内铆法兰及冲眼腰箍时,管外配合人员要避开冲铆位置。

16.在穿线时,不得对管口呼唤、吹气,防止带线弹力勾眼,穿导线时应互相配合,防止挤手,避免伤害。

17.楼板砖墙打透眼时,板下、墙后不得有人靠近。

18.剔槽打洞时须戴防护眼镜,锤头不得松动,管洞即将打透时必须缓慢轻打。

19.进行电焊、气焊时必须按规定穿戴好防护用品（戴安全帽、穿绝缘鞋、戴绝缘手套）。

20.用锯床、钢锯架、切管器、砂轮切管机切割管子,要垫平卡牢;临近切断时,用力不得过猛,应用手或支架托住。

21.使用折方机进行折方时,作业人员应互相配合,并与折方机保持距离,以免被翻转的钢板和配重击伤。

九、焊工安全操作基本知识

1.焊工作业
前必须穿绝缘鞋,
戴好绝缘手套,
使用护目面罩。

2.电焊机电源的装拆应由电工进行。

3.电焊机要设立单独的开关箱;一、二次侧应有防护罩;二次侧应装防触电保护器。

4.焊接作业开始前,应首先检查焊机和工具是否完好和安全可靠。发现漏电,应更换后方可使用。

5.电焊机与开关箱应做好防雨措施,开关拉、合闸时应戴手套侧向操作。

6.焊钳与把线必须绝缘良好,连接牢固,更换焊条应戴手套;在潮湿地点工作,应站在绝缘胶板或木板上。

7.焊机接线应压接牢固,一、二次线应使用接线鼻子。

8.未取得动火审批，不得进行电气焊作业。

9.氧气、乙炔瓶应避免碰撞和剧烈震动，并防止暴晒。冻结时应用热水加热，不准用火烤。氧气瓶体、氧气表及焊割工具上严禁沾染油脂。

10.施焊场地周围应清除易燃易爆物品，或进行覆盖、隔离。

11.多台焊机在一起集中施焊时，焊接平台或焊件必须接地，并应有隔光板。

12.工作棚内明火作业必须备有灭火器材，并应有专人监护。

13.严禁在带压的容器或管道上焊、割，带电设备应先切断电源。

14.雷雨天时，应停止露天焊接作业。

15.在焊接储存过易燃易爆、有毒物品的容器或管道时，必须清除干净，并将所有孔口打开；不可在封闭的容器或罐内焊接或切割。

16.点火时，焊枪口不准对人，正在燃烧的焊枪不得放在工件或地面上。

17.更换场地移动把线时，应先切断电源，并不得手持把线与连接胶管的焊枪爬梯、登高。

18.清除焊渣，应戴防护眼镜或面罩，防止焊渣飞溅伤人。

19.焊接结束后应切断电焊机电源，并检查操作地点，确认无火灾危险后方可离开。

20.氧气瓶离乙炔瓶不少于5米，与明火距离不少于10米，乙炔瓶严禁倒放。

21.工作完毕，应将氧气、乙炔瓶气阀关紧，拧上安全罩，检查操作场地，确认无着火和其他危险后，方可离开操作地点。

十、电工安全操作基本知识

1.在施工现场专用变压器中性点直接接地的线路中必须采用 TN-S 接零保护系统。

2.施工现场电源线路的始端、中间、末端必须重复接地,设备比较集中的地方(如搅拌机棚、钢筋作业区等)或高大设备处(塔式起重机、外用电梯、物料提升机等)要作重复接地。

3.电气设备的金属外壳,必须做保护接零。

4.在同一供电系统中不允许一部分设备做保护接地,另一部分设备做保护接零。

可不能把我裸露啊!

5.施工现场所有电气设备和线路的绝缘必须良好,接头不准裸露。

6.室内灯具离地面高度低于2.5米,室外灯具距地面低于3米时, 电源电压应不大于36伏。

7.使用的手持照明灯 (行灯) 的电压应采用不大于36伏的安全电压;潮湿和易触及带电体的场所照明,应采用小于24伏安全电压;特别潮湿场所、导电性能良好地面、金属容器内照明应采用不大于12伏电压。

8.碘钨灯、聚光灯与易燃物之间距离不宜少于500毫米,且不得直接照射易燃物;达不到规定要求时应采取隔热措施。

9.碘钨灯电源线应使用三芯橡套电缆；露天使用必须有防雨措施,移动支架手柄处要有绝缘措施,外壳应作保护零线。

10.总配电箱应设在靠近电源的区域；分配电箱应设在用电设备或负荷相对集中的区域,分配电箱与开关箱的距离不得超过 30 米。

11.开关箱周围应有足够二人同时工作的空间和通道,并有围栏及防雨措施, 电箱周围不得堆放任何杂物。

12.开关箱内必须安装漏电保护器,且其额定漏电动作电流应不大于30毫安,额定漏电动作时间不大于0.1秒。露天、潮湿场所、有腐蚀介质场所或在金属构架上操作时,应安装防溅型漏电保护器。

13.手持电动工具应安装额定漏电动作电流不大于15毫安、额定漏电动作时间不大于0.1秒的漏电保护器。

14.开关箱应装设在所控制的用电设备周围且便于操作的地方,与其控制的固定用电设备的水平距离不得超过3米。

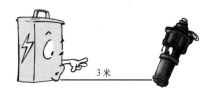

15.固定电箱的中心点与地面的垂直距离应为1.4~1.6米,移动式电箱的中心点与地面的垂直距离宜为0.8~1.6米。

16.配电柜或配电线路停电维修时,应挂接地线,并应悬挂"禁止合闸、有人工作"停电标志牌。停送电由专人负责。

● 禁止合闸

17.禁止乱拉乱接电源线路和随意拆装电器（插座）。

18.电缆线路应采用埋地或架空敷设，严禁沿地面明设，并应避免机械损伤和介质腐蚀。埋地电缆路径应有方位标志。

19.保护零线的颜色为绿／黄双色线，工作零线的颜色为浅蓝色，不可混用。

20.不得采用铝导体做接地体或地下接地线；垂直接地体宜采用角钢、钢管或光面圆钢，不得采用螺纹钢。

21.电气装置跳闸时，不得强行合闸，应查明原因，排除故障后再合闸；不得用其他金属丝代替保险丝。

铁丝 铜丝 铝丝 双股

22.电气着火，应立即将电源切断，使用干砂、四氯化碳或干粉灭火器灭火，严禁用水扑灭电气火灾。

23.下班后应拉闸切断电源，锁好箱门后方可离开。

十一、起重垂直运输工安全操作基本知识

1.机械设备的安全防护装置应完好齐全有效,缺损的应及时修复,防护装置不完整或已失效的机械设备不得使用。大型设备必须经检测合格后方可投入使用。

2.垂直运输机械操作人员在作业过程中,应集中精力正确操作,注意机械状况,不得擅自离开工作岗位或将机械交给其他无证人员操作,严禁无关人员进入作业区或操作室内。

3.操作人员应遵守机械保养规定,做好各级保养工作,保持机械的完好状态。

4.机械设备作业前应进行试运转,运转中发现不正常时,应先停机检查,不得在运转中检修,要排除故障后方可使用;不得带病运转。

5.井架物料提升机吊篮严禁乘人。

● 禁止乘人

6.井架物料提升机司机的视线应清晰良好。

7.井架物料提升机运散料时应装箱或装笼。

8.井架物料提升机吊篮内物料要摆放均匀,防止提升时重心偏移。

9.井架物料提升机运长料时,不得超出吊篮;在吊篮内立放时,应捆绑牢固,防止坠落。

10.井架物料提升机的附着装置或缆风绳不准随意拆除。

缆风绳可不能乱拆!

11.卸料平台口防护门使用时应随手关门。施工人员不得在平台上休息。

12.施工电梯吊笼内应悬挂限定载人数量及载物重量的标牌，以便提醒施工人员及运送物料不得超限。同时，司机也要注意观察上人和上料情况，防止超载运行。

13.施工电梯运送物料长度不得超出吊笼。

14.施工电梯吊笼离开地面后围栏门不能打开，以防止运行中人员进入围栏内。

15.塔式起重机起吊前应对索具进行检查，符合要求才能使用。

16.在吊装过程中，塔式起重机司机和指挥人员都要全神贯注，随时注意接收指挥信号。

17.塔式起重机吊运中不准作业人员随吊物上升。

赶快离开！

18.吊装提升前，指挥、司索和配合人员应撤离，防止吊物坠落伤人。起吊时应起降平稳，避免越级换档和紧急制动。

19.塔式起重机吊散料要装箱或装笼。吊长料要捆绑牢固，先试吊调整吊索和重心，使吊物平衡。

20.严禁超负荷作业，操作人员不得擅自调整限制、限位装置。

21.塔式起重机在吊运过程中，司机对任何人发出的紧急停止信号都应服从，立即停机，查明情况后再继续操作。

22.塔式起重机停用时，吊物必须落地，吊钩升至臂架下面2.5米左右距离，并靠近塔身。

23.严禁攀爬井架、施工电梯、塔式起重机塔身，防止发生高处坠落事故。

24.两台或两台以上塔式起重机作业时，应有防碰撞措施。

十二、常见安全标志牌

1. 禁止标志 (注：红色表示禁止)

● 禁止吸烟　　　　● 禁止烟火

● 禁止合闸　　　　● 禁止转动

● 禁止攀登　　　　● 禁止通行

● 禁止入内　　　　● 禁止停留

● 禁止乘人　　　　● 禁止跨越

● 禁止抛物

● 禁止戴手套

2. 警告标志 (注：黄色表示警告、注意)

● 注意安全

● 当心火灾

● 当心触电

● 当心电缆

● 当心机械伤人

● 当心伤手

● 当心扎脚

● 当心吊物

● 当心坠落

● 当心落物

● 当心坑洞

● 当心塌方

● 当心滑跌

● 当心绊倒

3.指令标志 (注：蓝色表示指令或必须遵守的规定)

● 必须戴防护眼镜

● 必须戴防毒面具

● 必须戴防尘口罩

● 必须戴护耳器

● 必须戴安全帽

● 必须系安全带

● 必须戴防护手套

● 必须穿防护鞋

4.指示标志 (注：绿色表示指示)

● 紧急出口

● 可动火区

5.常用应急电话号码

火警电话：	119
医疗急救电话：	120
匪警电话：	110

十三、相关安全生产法律法规摘录

一、中华人民共和国安全生产法（摘录）

第三条　安全生产管理，坚持安全第一、预防为主的方针。

第六条　生产经营单位的从业人员有依法获得安全生产保障的权利，并应当依法履行安全生产方面的义务。

第七条　工会依法组织职工参加本单位安全生产工作的民主管理和民主监督，维护职工在安全生产方面的合法权益。

第二十一条　生产经营单位应当对从业人员进行安全生产教育和培训，保证从业人员具备必要的安全生产知识，熟悉有关的安全生产规章制度和安全操作规程，掌握本岗位的安全操作技能。未经安全生产教育和培训合格的从业人员，不得上岗作业。

第三十三条　生产经营单位对重大危险源应当登记建档，进行定期检测、评估、监控，并制定应急预案，告知从业人员和相关人员在紧急情况下应当采取的应急措施。

第三十四条　生产、经营、储存、使用危险物品的车间、商店、仓库不得与员工宿舍在同一座建筑物内，并应当与员工宿舍保持安全距离。

第三十六条　生产经营单位应当教育和督促从业人员严格执行本单位的安全生产规章制度和安全操作规程；并向从业人员如实告知作业场所和工作岗位存在的危险因素、防范措施以及事故应急措施。

第三十七条　生产经营单位必须为从业人员提供符合国家

标准或者行业标准的劳动防护用品，并监督、教育从业人员按照使用规则佩戴、使用。

第四十三条　生产经营单位必须依法参加工伤社会保险，为从业人员缴纳保险费。

第四十四条　生产经营单位与从业人员订立的劳动合同，应当载明有关保障从业人员劳动安全、防止职业危害的事项，以及依法为从业人员办理工伤社会保险的事项。

生产经营单位不得以任何形式与从业人员订立协议，免除或者减轻其对从业人员因生产安全事故伤亡依法应承担的责任。

第四十五条　生产经营单位的从业人员有权了解其作业场所和工作岗位存在的危险因素、防范措施及事故应急措施，有权对本单位的安全生产工作提出建议。

第四十六条　从业人员有权对本单位安全生产工作中存在的问题提出批评、检举、控告；有权拒绝违章指挥和强令冒险作业。

生产经营单位不得因从业人员对本单位安全生产工作提出批评、检举、控告或者拒绝违章指挥、强令冒险作业而降低其工资、福利等待遇或者解除与其订立的劳动合同。

第四十七条　从业人员发现直接危及人身安全的紧急情况时，有权停止作业或者在采取可能的应急措施后撤离作业场所。

第四十八条　因生产安全事故受到损害的从业人员，除依法享有工伤社会保险外，依照有关民事法律尚有获得赔偿的权利的，有权向本单位提出赔偿要求。

第四十九条　从业人员在作业过程中，应当严格遵守本单立的安全生产规章制度和操作规程，服从管理，正确佩戴和使用劳动防护用品。

第五十条　从业人员应当接受安全生产教育和培训，掌握本职工作所需的安全生产知识，提高安全生产技能，增强事故预防和应急处理能力。

第五十一条　从业人员发现事故隐患或者其他不安全因素，应当立即向现场安全生产管理人员或者本单位负责人报告；接到报告的人员应当及时予以处理。

第六十四条　任何单位或者个人对事故隐患或者安全生产违法行为，均有权向负有安全生产监督管理职责的部门报告或者举报。

第七十条　生产经营单位发生生产安全事故后，事故现场有关人员应当立即报告本单位负责人。

二、　中华人民共和国劳动法（摘录）

第三条　劳动者享有平等就业和选择职业的权利、取得劳动报酬的权利、休息休假的权利、获得劳动安全卫生保护的权利、接受职业技能培训的权利、享受社会保险和福利的权利、提请劳动争议处理的权利以及法律规定的其他劳动权利。

劳动者应当完成劳动任务，提高职业技能，执行劳动安全卫生规程，遵守劳动纪律和职业道德。

第七条　劳动者有权依法参加和组织工会。

工会代表和维护劳动者的合法权益，依法独立自主地开展活动。

第八条　劳动者依照法律规定，通过职工大会、职工代表大会或者其他形式，参与民主管理或者就保护劳动者合法权益与用人单位进行平等协商。

第十五条　禁止用人单位招用未满十六周岁的未成年人。

第十七条　订立和变更劳动合同，应当遵循平等自愿、协商一致的原则，不得违反法律、行政法规的规定。

第十九条　劳动合同应当以书面形式订立，并具备以下条款：

（一）劳动合同期限；

（二）工作内容；

（三）劳动保护和劳动条件；

（四）劳动报酬；

（五）劳动纪律；

（六）劳动合同终止的条件；

（七）违反劳动合同的责任。

劳动合同除前款规定的必备条款外，当事人可以协商约定其他内容。

第二十一条　劳动合同可以约定试用期。试用期最长不得超过六个月。

第二十九条　劳动者有下列情形之一的，用人单位不得解除劳动合同：

（一）患职业病或者因工负伤并被确认丧失或者部分丧失劳动能力的；

（二）患病或者负伤，在规定的医疗期内的；

（三）女职工在孕期、产期、哺乳期内的；

（四）法律、行政法规规定的其他情形。

第三十二条 有下列情形之一的，劳动者可以随时通知用人单位解除劳动合同：

（一）在试用期内的；

（二）用人单位以暴力、威胁或者非法限制人身自由的手段强迫劳动的；

（三）用人单位未按照劳动合同约定支付劳动报酬或者提供劳动条件的。

第三十六条 国家实行劳动者每日工作时间不超过八小时、平均每周工作时间不超过四十四小时的工时制度。

第五十条 工资应当以货币形式按月支付给劳动者本人。不得克扣或者无故拖欠劳动者的工资。

第五十三条 劳动安全卫生设施必须符合国家规定的标准。

第五十四条 用人单位必须为劳动者提供符合国家规定的劳动安全卫生条件和必要的劳动防护用品，对从事有职业危害作业的劳动者应当定期进行健康检查。

第五十五条 从事特种作业的劳动者必须经过专门培训并取得特种作业资格。

第五十六条 劳动者在劳动过程中必须严格遵守安全操作规程。

劳动者对用人单位管理人员违章指挥、强令冒险作业，有权拒绝执行；对危害生命安全和身体健康的行为，有权提出批评、检举和控告。

第六十五条　用人单位应当对未成年工定期进行健康检查。

第七十三条　劳动者在下列情形下，依法享受社会保险待遇：

（一）退休；

（二）患病、负伤；

（三）因工伤残或者患职业病；

（四）失业；

（五）生育。

劳动者死亡后，其遗属依法享受遗属津贴。

劳动者享受社会保险待遇的条件和标准由法律、法规规定。

劳动者享受的社会保险金必须按时足额支付。

第七十九条　劳动争议发生后，当事人可以向本单位劳动争议调解委员会申请调解；调解不成，当事人一方要求仲裁的，可以向劳动争议仲裁委员会申请仲裁。当事人一方也可以直接向劳动争议仲裁委员会申请仲裁。对仲裁裁决不服的，可以向人民法院提起诉讼。

三、中华人民共和国建筑法（摘录）

第三十六条　建筑工程安全生产管理必须坚持安全第一、预防为主的方针，建立健全安全生产的责任制度和群防群治制度。

第四十六条　建筑施工企业应当建立健全劳动安全生产教育培训制度，加强对职工安全生产的教育培训；未经安全生产教育培训的人员，不得上岗作业。

第四十七条　建筑施工企业和作业人员在施工过程中，应当遵守有关安全生产的法律、法规和建筑行业安全规章、规程，不得违章指挥或者违章作业。作业人员有权对影响人身健康的作业程序和作业条件提出改进意见，有权获得安全生产所需的防护用品。作业人员对危及生命安全和人身健康的行为有权提出批评、检举和控告。

四、建设工程安全生产管理条例　（摘录）

第二十五条　垂直运输机械作业人员、安装拆卸工、爆破作业人员、起重信号工、登高架设作业人员等特种作业人员，必须按照国家有关规定经过专门的安全作业培训，并取得特种作业操作资格证书后，方可上岗作业。

第二十八条　施工单位应当在施工现场入口处、施工起重机械、临时用电设施、脚手架、出入通道口、楼梯口、电梯井口、孔洞口、桥梁口、隧道口、基坑边沿、爆破物及有害危险气体和液体存放处等危险部位，设置明显的安全警示标志。

第二十九条　施工单位应当将施工现场的办公、生活区与作业区分开设置，并保持安全距离；办公、生活区的选址应当符合安全性要求。职工的膳食、饮水、休息场所等应当符合卫生标准。施工单位不得在尚未竣工的建筑物内设置员工集体宿舍。

第三十二条　施工单位应当向作业人员提供安全防护用具和安全防护服装，并书面告知危险岗位的操作规程和违章操作的危害。

作业人员有权对施工现场的作业条件、作业程序和作业方式中存在的安全问题提出批评、检举和控告，有权拒绝违章指挥和强令冒险作业。

在施工中发生危及人身安全的紧急情况时，作业人员有权立即停止作业或者在采取必要的应急措施后撤离危险区域。

第三十六条　施工单位应当对管理人员和作业人员每年至少进行一次安全生产教育培训，其教育培训情况记入个人工作档案。安全生产教育培训考核不合格的人员，不得上岗。

第三十七条　作业人员进入新的岗位或者新的施工现场前，应当接受安全生产教育培训。未经教育培训或者教育培训考核不合格的人员，不得上岗作业。

第三十八条　施工单位应当为施工现场从事危险作业的人员办理意外伤害保险。

五、工伤保险条例（摘录）

第一条　为了保障因工作遭受事故伤害或者患职业病的职工得到医疗救治和经济补偿，促进工伤预防和职业康复，分散用人单位的工伤风险，制定本条例。

第二条　中华人民共和国境内的各类企业的职工和个体工商户的雇工，均有依照本条例的规定享受工伤保险待遇权利。

第十四条　职工有下列情形之一的，应当认定为工伤：

(一)在工作时间和工作场所内，因工作原因受到事故伤害的；

(二)工作时间前后在工作场所内，从事与工作有关的预备生或者收尾性工作受到事故伤害的；

（三）在工作时间和工作场所内意外伤害的；

（四）患职业病的；因履行工作职责受到暴力等伤害的；

（五）因工外出期间，由于工作原因受到伤害或者发生事故下落不明的；

（六）在上下班途中，受到机动车事故伤害的；

（七）法律、行政法规规定应当认定为工伤的其他情形。

第十五条　职工有下列情形之一的，视同工伤：

（一）在工作时间和工作岗位，突发疾病死亡或者在48小时之内经抢救无效死亡的；

（二）在抢险救灾等维护国家利益、公共利益活动中受到伤害的；

（三）职工原在军队服役，因战、因公负伤致残，已取得革命伤残军人证，到用人单位后旧伤复发的。

职工有前款第（一）项、第（二）项情形的，按照本条例的有关规定享受工伤保险待遇；职工有前款第（三）项情形的，按照本条例的有关规定享受除一次性伤残补助金以外的工伤保险待遇。

第十六条　职工有下列情形之一的，不得认定为工伤或者视同工伤：

（一）因犯罪或者违反治安管理伤亡的；

（二）醉酒导致伤亡的；

（三）自残或者自杀的。

第十七条　职工发生事故伤害或者按照职业病防治法规定被诊断、鉴定为职业病，所在单位应当自事故伤害发生之日或者被诊断、鉴定为职业病之日起30日内，向统筹地区劳动保障行政部门提出工伤认定申请。遇有特殊情况，经报劳动保障行政部门同意，申请时限可以适当延长。用人单位未按前款规定提出工伤认定申请的，工伤职工或者其直系亲属、工会组织在事故伤害发生之日或者被诊断、鉴定为职业病之日起一年内，可以直接向用人单位所在地统筹地区劳动保障行政部门提出工伤认定申请。

第十九条　劳动保障行政部门受理工伤认定申请后，根据审核需要可以对事故伤害进行调查核实，用人单位、职工、工会组织、医疗机构以及有关部门应当予以协助。职业病诊断和诊断争议的鉴定，依照职业病防治法的有关规定执行。对依法取得职业病诊断证明书或者职业病诊断鉴定书的，劳动保障行政部门不再进行调查核实。

职工或者其直系亲属认为是工伤，用人单位不认为是工伤的，由用人单位承担举证责任。

第二十条　劳动保障行政部门应当自受理工伤认定申请之日起60日内作出工伤认定的决定，并书面通知申请工伤认定的职工或者其直系亲属和该职工所在单位。

劳动保障行政部门工作人员与工伤认定申请人有利害关系的，应当回避。